BEI GRIN MACHT SICH IHR WISSEN BEZAHLT

- Wir veröffentlichen Ihre Hausarbeit, Bachelor- und Masterarbeit

- Ihr eigenes eBook und Buch - weltweit in allen wichtigen Shops

- Verdienen Sie an jedem Verkauf

Jetzt bei www.GRIN.com hochladen und kostenlos publizieren

Bibliografische Information der Deutschen Nationalbibliothek:

Die Deutsche Bibliothek verzeichnet diese Publikation in der Deutschen National-
bibliografie; detaillierte bibliografische Daten sind im Internet über http://dnb.d-
nb.de/ abrufbar.

Impressum:

Copyright © 2009 GRIN Verlag, Open Publishing GmbH
Druck und Bindung: Books on Demand GmbH, Norderstedt Germany
ISBN: 9783640509591

Wolfgang Piersig

Aluminium - ein Metall mit kurzer Geschichte, aber mit großer Zukunft

Beiträge zur Technikgeschichte (7)

GRIN Verlag

Aluminium

—

ein Metall mit kurzer Geschichte,

aber mit großer Zukunft.

—

Beiträge zur Technikgeschichte (7)

Dr.-Ing. Wolfgang Piersig

•

Berg- und Adam-Ries-Stadt Annaberg-Buchholz im Dezember 2009

—

Geburtsstadt von Emil Heyn.

Inhaltsverzeichnis.

Vorwort.

Unter den Nichteisenmetallen nimmt das silberweiße, relativ weiche Aluminium, das sehr gut dehnbare und verformbare Leichtmetall neben dem Kupfer den bedeutendsten Platz ein.

Aluminium und seine Legierungen sind jedem unentbehrlich. Sie gehören heute zu den wichtigsten Werkstoffen zur Produktion von Profilen, Rohren und Blechen. In der Lebensmittelindustrie ist Aluminiumfolie ein wichtiges Verpackungsmaterial. Das Metall dient aber auch zur Herstellung von Kochgeschirr, Milchkannen, Trinkbechern etc. Es ist ein fester Begriff für alle. Aluminiumbronze wird in Rostschutzfarbe eingesetzt und spielt bei der Herstellung von Feuerwerkskörpern und Sprengstoffen eine Rolle. Reinstes Aluminium wird in elektrischem Leitermaterial eingesetzt, z. B. in Hochspannungsleitungen, auch als Duraluminium ist eine wichtige Aluminiumlegierung für den Fahrzeug- und Maschinenbau und für die Luftfahrt.

Aluminium besitzt auch noch eine weitere Besonderheit, nämlich es wird bei einer Erwärmung über 600°C in seiner Struktur körnig, die sich nach dem Abkühlen in Körner, Grieß oder Pulver (Aluminiumbronze) zerteilen lässt, außerdem ist es durch die Vorteile des niedrigen Schmelzpunktes wie auch seine sehr gute elektrische Leitfähigkeit und gute Wärmeleitfähigkeit gekennzeichnet.

Obwohl es ein relativ unedles Metall ist, ist es gegen Luftfeuchtigkeit und Luftsauerstoff viel unempfindlicher als Eisen. Dies beruht ja bekanntlicherweise auf der dünnen Oxidschicht, die sich bei frisch angeritztem Aluminium innerhalb weniger Sekunden bildet und das darunter liegende Aluminium vor weiterer Korrosion schützt.

Aus dem vorliegenden Exkurs ist auch zu erfahren, daß Aluminium sehr gerne mit Sauerstoff reagiert und sich als Reduktionsmittel eignet, z. B. bei der Herstellung von Roheisen aus Eisenerz nach dem so genannten Thermitverfahren, wobei das Aluminiumpulver dem Metalloxid die Sauerstoffatome entzieht.

Über das Vorkommen ist zu erfahren, daß die wichtigsten Erzvorkommen sich in Australien, Guinea, Brasilien, Jamaika, Indien, Guyana und Indonesien befinden und bezüglich der Herstellung aus Bauxit wird vermittelt, sie erfolgt in zwei Schritten, nämlich das Erz wird zunächst von Verunreinigungen gereinigt, so dass man reine Tonerde, Aluminiumoxid, erhält und anschließend das Metall in der Schmelzflusselektrolyse gewonnen wird.

Am Beispiel des Reinaluminiums und der Aluminiumlegierungen erfährt der Leserkreis vieles über die Einsatzmöglichkeit dieser Materialien als fliegendes Metall und wie die Luftfahrtwerkstoffe eingeteilt werden.

Und nicht zuletzt wird dem Leser neben einer Chronologie zum Aluminiumeinsatz von den Anfängen bis zur Gegenwart näher gebracht, sondern auch das, daß Aluminium ein Metall mit kurzer Geschichte, aber mit großer Zukunft ist und dies mittels eines Resümees von Anders Ochel.

Aluminium – ein Metall mit kurzer Geschichte, aber mit großer Zukunft.

Aluminium als Metall rein darzustellen gelang erst vor 185 Jahren, obwohl die Menschen einige seiner Verbindungen, zum Beispiel Tone, die hauptsächlich aus Al_2O_3 bestehen, sowie Alaune, eine Gruppe von chemischen Verbindungen, die sich aus Wasser und zwei verschiedenartigen Salzen zusammensetzt, beispielsweise Kaliumalaun mit der chemischen Formel $K_2SO_4 \cdot Al_2(SO_4)_3 \cdot 24\ H_2O$ bereits seit dem Altertum benutzen.

Wie dieses ausgewählte Mineral zeigt, kommt das metallische Element in Form von Sauerstoffverbindungen in der Natur vor; wobei es sich um Oxide der Form Al_2O_3 handelt, wie auch um die Hydroxide $Al(OH)_3$, z. B. Hydrargillit, bzw. $AlO(OH)$, z. B. Diaspor.

Über die Verwendung der Alaune als Feuerschutzanstrich bzw. Beizmittel für die Färberei berichtet schon Plinius der Ältere (23-79) in der von ihm im 1. Jahrhundert unserer Zeitrechnung verfassten „Naturalis historia". Auch der Name Aluminium kommt von „alumen" – der lateinischen Bezeichnung für Alaun.

Daß das Metallaluminium dem Menschen (möglicherweise) erst während der industriellen darstellbar und im Zeitraum der sich entwickelnden Fabrikproduktion gewinnbar wurde, beruht auf der Schwierigkeit der Trennung dieses Elements von Sauerstoff. Infolge dieser hohen Affinität zum Sauerstoff kommt Aluminium in der Natur nicht metallisch rein, d. h. gediegen, wie Gold, Silber, vereinzelt Kupfer sowie ab und an Meteoriteneisen, vor.

Nach der Häufigkeit auf der Erde steht Aluminium – das Element mit der Ordnungszahl 13 im vom russischen Chemiker Dimitrij Iwanowitsch Mendelejew (1834-1907) und vom deutschen Chemiker Julius Lothar Mayer (1830-1895) unabhängig 1869 geschaffenen Periodensystem der chemischen Elemente, ein weißes, glänzendes, die Wärme und den elektrischen Strom gut leitendes Leichtmetall – mit 7,57 Prozent hinter Sauerstoff mit 49,5 Prozent und Silizium mit 25,8 Prozent an dritter Stelle, mit ihnen zusammen ist es das wichtigste gesteinsbildende Element, zum Beispiel Granit, Gneis, Porphyr, Basalt, Schiefer enthalten Aluminiumsilikate, wie Feldspate und Glimmer.

Unter den Metallen nimmt Aluminium mit der theoretisch ermittelten Metallvorratsmenge von über $60 \cdot 10^{12}$ Tonnen den Platz Nummer „eins" ein.

Untersuchungsergebnisse ergaben für dieses Metall unter den jetzigen ökonomisch vertretbaren Abbaubedingungen eine verfügbare Menge von rund 24 bis 30 Milliarden Tonnen. Hinzu kommt noch die Aluminiumreserve aus den Weltmeeren mit etwa 16 Milliarden Tonnen. Alles dies ist eine gute Basis für das Metall mit großer Zukunft, möglicherweise das Hauptmetall des dritten Jahrtausends.

Weltweite Hüttenproduktion von Aluminium in Tausend Tonnen betrug 1900 (7); 1910 (45); 1920 (125); 1930 (272); 1940 (787); 1950 (1.490); 1960 (4.490); 1970 (9.650); 1980 (15.400); 1990 (19.300); 2000 (24.300); 2005 (31.900); 2007 (38.000) [*].

[*]Alle Daten nach United States Geological Survey (USGS): World Production.

Ein Vergleich der relativen Zunahme der Weltproduktion von Aluminium um das 2.740fache und Stahl um das 26fache im Zeitraum ab der vorletzten Jahrhundertwende, setzt eindeutige Zeichen für den Weg dieses Leichtmetalls.

Bevor Metallaluminium gewonnen werden konnte und den Menschen mit seinem Komplex wertvoller Eigenschaften begeisterte, waren es jahrtausendelang seine Verbindungen, die nicht nur Rohstoff und Werkstoff waren, sondern auch als Gebrauchsgegenstände sowie Schmuck faszinierten.

Als Aluminiumoxid oder Tonerde, Al_2O_3, kommt es kristallisiert als Korund (farbloser – edler – bzw. undurchsichtiger, trüber – gemeiner), der nach der von Mohs (1773-1839) im Jahr 1812 geschaffenen Härteskala (Tafel 1, Seite 17) nur von der Härte des Diamants übertroffen wird, vor. Anarten sind der leuchtendrote Rubin, der strahlend blaue Saphir, der grün schimmernde Smaragd – alle drei sind von altersher geschätzte Edelsteine, dazu gehört auch der mattfarbene, nichtdurchsichtige Schmirgel, ein schon immer beliebtes Schleif- und Poliermittel.

Sehr viel häufiger kommt Aluminiumoxid jedoch im Bauxit (benannt nach dem ersten Fundort Les Baux bei Arles in Südfrankreich – bestehend aus 50 bis 63 Prozent Al_2O_3; bis 28 Prozent Fe_2O_3; sieben Prozent SiO_2; vier Prozent TiO_2; zwölf bis 32 Prozent H_2O) vor wie auch in den Mineralen Nephelin $[(NaK)_2O \cdot Al_2O_3 \cdot 2SiO_2]$; Alumit $[K_2SO_4 \cdot Al_2(SO_4)_3 \cdot 4Al(OH)_3]$ Kaolinit $[Al_2O_3 \cdot 2SiO_2 \cdot 2H_2O]$. Letztere drei Rohstoffe wurden in den 70er Jahren nur zu rund ein Prozent für die Aluminiumproduktion eingesetzt.

Neben der Verarbeitung bei Juwelieren haben besondere Rubine als Rubinlaser aber auch Saphiren als Saphirfenster in Tokamakanlagen für thermonukleare Prozesse seit Anfang der achtziger Jahre des 20. Jahrhunderts eine besondere technische Bedeutung erhalten.

Obwohl schon 1754 der deutsche Chemiker Andreas Sigismund Marggraf (1709-1782) – der Entdecker des Zuckergehaltes der Runkelrübe (1747) – den Aluminiumrohstoff (Al_2O_3) im Alaun entdeckte und es ihm dazu auch noch gelang, diesen aus verschiedenen Tonen sowie bestimmten Schiefersorten zu gewinnen, mussten bedingt vom Stand der chemischen Kenntnisse sowie der noch nicht vorhandenen Elektrochemie und Elektrotechnik, genau noch 100 Jahre vergehen, bis es zum ersten Verfahren zur industriellen Aluminiumgewinnung kam.

Erste Versuche zur Isolierung des Radikals der Tonerde nahm Humphry Davy (1778-1829) im Anschluss an seine elektrochemischen Arbeiten zur Herstellung von Natrium und Kalium (1807) sowie der Erdalkalimetalle Magnesium, Calcium, Strontium und Barium (1808) vor. Er versuchte dabei auch das Aluminium durch Einwirkung der Voltaschen Säule auf ein schmelzendes Gemisch von Tonerde und Kali abzuscheiden. Es gelang ihm aber nicht, das sich bildende Aluminium aus dem Reaktionsgemisch abzutrennen.

Erfolgreicher war dann der dänische Physiker Hans Christian Ørsted [Oerstedt (1777-1851)], dem, als er Aluminiumchlorid, $AlCl_3$, mit Kaliumamalgam behandelte, die erste Darstellung von Aluminium im Jahre 1825 gelang, aber noch nicht die Bedeutung des metallischen Rückstandes erkannte. So verzichtete er auf weitere Versuche; seine Ergebnisse teilte er dem deutschen Chemiker Friedrich Wöhler (1800-1882) – Mitbegründer der organischen Chemie – mit, der nun mit dessen Zustimmung sich der Abscheidung von Aluminium annahm. Im Jahre 1827 gelang es ihm auch experimentell kleine Mengen Aluminiumpulver zu gewinnen.

Nach übersiebzehnjährigem Bemühen folgte dann durch ihn auch die erste Reindarstellung des Aluminiums, von geschmolzenen, stecknadelkopfgroßen Aluminiumkugeln, an denen er auch die wichtigsten physikalischen Eigenschaften dieses Metalls ermittelt hat.

Wöhler übertrug die Weiterführung seiner Arbeiten an einen seiner begabtesten Schüler, Henri Etienne Sainte-Claire Deville (1818-1881), der im Jahre 1854 dann auch das erste industrielle Verfahren zur Aluminiumherstellung auf chemischer Basis schuf. Es war eine groß angelegte Experimentalfabrik, die Deville nur, dank der finanziellen Unterstützung Napoleons III., Kaiser der Franzosen von 1852 bis 1870, genannt Louis Napoléon, eigentlich Charles Louis Napoléon Bonaparte (1808-1873), bauen konnte.

Im ersten Jahr seiner Nutzung wurden rund 25 Kilogramm Aluminium gewonnen, wovon er etwa ein Kilogramm in Form von daumendicken Barren, zum Preis von 2.000 Francs (1.000 Goldmark), auf der zweiten Weltausstellung 1855 in Paris am Stand der Kaiserlichen Porzellanmanufaktur zu Sévres, unter der Bezeichnung „Silber aus Lehm", zeigte, womit er auch beträchtliches Aufsehen erregte. Aufwandsbedingt wurden nach seinem Verfahren in der Zeit bis 1890, also in 35 Jahren, nur 200 Tonnen Aluminium erzeugt.

Daß regulinisches Aluminium auch dann entsteht, wenn das von ihm zur chemischen Darstellung von metallischem Aluminium verwendete Aluminiumchlorid elektrolytisch zersetzt wird, fanden, unabhängig voneinander, sowohl Deville als auch vom deutschen Chemiker Robert Wilhelm Bunsen (1811-1899) noch im Jahre 1854 heraus.

Aluminium durch Elektrolyse eines Gemisches von Natriumaluminiumchlorid, $Na(AlCl)_4$, und Kryolith, Na_3AlF_6, zu gewinnen, ist ebenfalls ein Vorschlag von Deville, den er bereits im Jahre 1859 unterbreitete.

Eine technische Aluminiumgewinnung mit Hilfe des in der Mitte des 19. Jahrhunderts noch auf sehr teuere Art und Weise erzeugten elektrischen Stroms war daher noch nicht gegeben. Mit der Erfindung der Dynamomaschine durch Werner von Siemens (1816-1892) im Jahre 1867 wurde nicht nur eine günstige Variante für die Elektroenergieerzeugung geschaffen, sondern gleichzeitig auch der Grundstein für eine wirtschaftliche Aluminiumgewinnung gelegt, wie auch die in der Tafel 2, Seite 18, vom Autor zusammengestellte Chronologie zum Aluminiumeinsatz von den Anfängen bis zur Gegenwart zeigt.

Gelöst wurde das technische Verfahren der Aluminium-Schmelzflusselektrolyse, eines Gemisches von Aluminiumoxid und Kryolith 1886, unabhängig voneinander, von dem damals erst einundzwanzigjährigen amerikanischen Studenten Charles Martin Hall (1863-1914), dem fast gleichaltrigen Franzosen Paul-Louis Toussaint Héroult (1863-1914) und dem deutschen Chemiker Heinrich Kiliani (1885-1945). Danach folgte das noch heute praktizierte Elektrolyseverfahren, dem so genannten Hall-Héroult-Verfahren.

Von den im 8. Jahrzehnt des 19. Jahrhunderts geschaffenen ersten Zentren der Aluminiumproduktion, wie Frankreich (1886); USA und Schweiz (1888); wurden 1890 bereits 92 Tonnen Aluminium gegenüber 35 Tonnen im Jahr 1886 gewonnen. Danach kam es zu einem schnellen Anstieg der Weltproduktion von Aluminium, 1900 lag sie bereits bei rund 7.300 Tonnen, woran fünf Länder, nämlich USA, Schweiz, Frankreich, Deutschland, Großbritannien, beteiligt waren, wobei die Gesamtproduktion von 1890 bis 1900 mit 28.000 Tonnen ausgewiesen wird.

Auch im 20. Jahrhundert hielt diese stürmische Entwicklung der Aluminiumgewinnung an, denn, wie von Siegfried Engels und Alois Nowak [12] ermittelt, nahm sie in den sieben Jahrzehnten so zu, daß alle 7,62 Jahre eine Verdoppelung eintrat. Grund dafür liegt u. a. darin, daß beginnen im zweiten Drittel des 20. Jahrhunderts bis heutzutage kaum ein Zweig ohne dieses Metall noch auskommt.

Seine anfängliche Verarbeitung am Ende des zweiten und am Anfang des dritten Drittels des 19. Jahrhunderts erfolgte aber, da es als schön, äußerlich dem Silber ähnlich und in den ersten Chargen außergewöhnlich teuer den Herstellern gegenüberstand, nur zu Aluminiumschmuck. Erste Einsatzgebiete des auf chemischen Wege gewonnenen Aluminiums waren wegen seiner Leichtigkeit auch ausgefallene Luxusartikel und Bedarfsgegenstände, wie Operngläser, Fernrohre, Ferngläser, Brillengestelle, Anemometer, kleine Gewichte; aber auch Haus- und Tafelgeräte sowie chirurgisches Instrumentarien und Musikinstrumente.

Da Aluminium nicht von organischen Säuren angegriffen wird, wurde es auch vielfach für Früchtebehälter sowie für tägliches Küchengeschirr, Löffel, Messer und Gabeln als Ersatz für Silber verwendet. Beliebt schon vor dem 20. Jahrhundert war auch die Aluminiumlegierung Drittelsilber (Tiers argent), woraus besonders Bestecke und Teeplatten gefertigt wurden. Für Bijouteriewaren kam es vielfach auch als Aluminiumbronze mit Feingold, die achtzehnkarätigem Gold (750 Teile Gold in Tausend Teilen) entsprach, in Anwendung. Es diente aber auch zur Algraphie, die zuerst von Scholz 1892 in Mainz ausgeführt wurde.

In der Zeit nach 1900 beginnt auch die Verarbeitung von Aluminium, besonders von Abfällen zu Aluminiumbronzefarben, Alumonal, Blitzlicht, in der Pyrotechnik, in der Metallurgie als Desoxydationsmittel und zur Erzeugung von Dichten Güssen.

Mit der von Alfred Wilm (1869-1937) am System Al-Cu-Mg-Mn 1907 entdeckten Aushärtung und 1909 im Dürener Metallwerk aufgenommenen Produktion von Duraluminium wurde nicht nur die Grundlage für die Schaffung von Aluminiumwerkstoffen spezieller Eigenschaften, sondern auch die Basis dafür, daß Aluminium sowohl das erste fliegende (1915) als auch kosmische (1957) Metall wurde.

Von den fünfziger Jahren des 20. Jahrhunderts 20. Jahrhunderts an ist Aluminium auch vielfach im maritimen Bereich genutzt worden, zum Beispiel Tragflächenboote (UdSSR), Tanker (BRD), Unterseeboote (USA), Passagierschiffe (Frankreich).

Auf eine Vollständigkeit der Darstellung über Aluminiumwerkstoffe sowie seine Aluminiumerzeugnisse muß an dieser Stelle verzichtet werden, da, wie aus allgemein zugänglichen Statistiken erfahrbar ist, viele Tausende Hauptartikel aus Aluminium und Aluminiumlegierungen hergestellt werden. Von der erzeugten Aluminiummenge werden seit den achtziger Jahren des 20. Jahrhunderts 70 bis 75 Prozent zu Halbzeugen, wie Bleche, Platten, Bänder, Folien, Rohre, Stäbe, Drähte, Profile, verarbeitet, 20 bis 25 Prozent zu Formguss und etwa fünf Prozent zu anderen Zwecken, beispielsweise zu Pulver, Granulat, Barren und zu Legierungsmaterial wie auch Reduktionsmittel, verbraucht.

Einzigartige Kombinationen von Eigenschaften liefern die im letzten Drittel des vergangenen Jahrhunderts mit Aluminium als Matrix mehr und mehr zum Einsatz gekommenen Aluminiumverbundwerkstoffe, zum Beispiel die mit Borfäden armierte

Aluminiumlegierungen, wodurch bis zu 60 Prozent Masseeinsparung erzielbar sind.

Im Ergebnis seiner guten Formbarkeit findet Aluminium besonders im Sektor Verpackung breite Anwendung als Folien, Tuben, Hülsen, Dosen, Tabletts, Becher, Flaschen, Kannen, Fässer, Körbe, Kästen, Großbehälter, Container, Bunker u. v. a. m.

Als Folie mit 0,02 bis 0,05 Millimeter Dicke sowie Blattaluminium von nur 0,0004 Millimeter, wurden sehr schnell Zinn bzw. Silber substituiert. Anwendungsfälle dieses hauchdünnen Materials sind zum Beispiel Überzüge auf industriellen und individuellen Wänden bzw. Flächen, Holz, Leder (dem so genannten Silberleder), aber auch auf Bilderrahmen, des Weiteren auch die Wundfolie, wie auch als Blitzlichtträger.

Aluminium pulvermetallurgisch zu verarbeiten, wird nach einem Verfahren von Zerrleder und Irrmann seit 1946 beherrscht, bereits 110 Jahre wird es als Pulver mit einer Teilchendicke von 1,3 bis 0,13 Mikrometer, im 1899 von Hans Goldschmidt (1861-1923) entwickelten, auch Thermitschweißen benannten Verfahren, verwendet.

Hergestellt wird eine Tonne Aluminium aus zwei Tonnen Tonerde, die aus etwa vier Tonnen Bauxit gewonnen wurden, bei einem Gleichstromverbrauch von 14.000 bis 18.000 Kilowattstunden sowie 500 bis 600 Kilogramm Elektrodenkohleeinsatz und einem Kryolithbedarf von rund 75 Kilogramm.

Bis Anfang der achtziger Jahre des 20. Jahrhunderts hatte sich die Anzahl der Aluminium produzierenden Länder auf über vierzig erhöht, wobei die USA, UdSSR, wie auch Kanada, Japan, Norwegen, BRD, Frankreich die wichtigsten Erzeugerländer sind. Im Durchschnitt kommen rund 22 Prozent des Aluminiums aus dem Abfall (Recycling).

Hinzuweisen gilt es außerdem, daß Aluminium auch ein typischer Vertreter des Leichtbaues und somit eng verbunden mit der Luftfahrt ist. So ist es einleuchtend, wenn es E. Savitzkij und W. Kljacko [1] das „erste fliegende Metall" und C. I. Vanetzkij [2] das „geflügelte Metall" nannten. Und bereits im Jahre 1896, also elf Jahre nachdem Paul Louis Toussaint Héroult (1863-1914), Frankreich, und Charles Martin Hall (1863-1914), USA, unabhängig voneinander ein industriell nutzbares Verfahren zur Aluminiumgewinnung von Aluminium als Patent eingereicht hatten, wurde dieses Leichtmetall als Konstruktionswerkstoff für Luftschiffe eingesetzt [1, 3 bis 5].

Ein weiteres wichtiges Datum für die Hinwendung zum Aluminium für den Flugzeugbau ist das Jahr 1905, als es Alfred Wilm (1869-1937), Deutschland, gelang die Festigkeit der Legierung Duralumin (AlCu4Mg) durch Aushärten beträchtlich zu steigern. Er schuf damit die Voraussetzungen für den Einsatz dieses Werkstoffes mit dem Basismetall Aluminium für die Luftfahrt. So kam es in Folge 1915 auch zum Einsatz in Zeppelin-Luftschiffen [5] und gegen Ende des Ersten Weltkrieges wurde dann bereits das erste Ganzmetall Flugzeug der Welt, die J 1, von den Junkers Werken Dessau von Stahl auf Leichtmetall umkonstruiert [6]. Fast zur gleichen Zeit, so Herbert Görner und Siegfried Marx [7] wie auch M. N. Schulshenko [8], entwickelte der russische Konstrukteur Andrei Nikolajewitsch Tupolew (1888-1972) Leichtmetallflugzeuge. Insbesondere durch ihn und seinen Sohn, Alexei Andrejewitsch Tupolew (1925-2001), der ebenfalls zu den führenden sowjetischen Flugzeugkonstrukteuren zählte, wurde Aluminium zum dominierenden Konstruktionswerkstoff im Flugzeugbau und hat seine führende Position bis in die Gegenwart behauptet [5]. Dies gilt sowohl für alle modernen Passagier-, Transport- und Militärflugzeuge wie auch Hubschrauber aller Gattungen. Bei diesen besteht nach W. Müller in [4] die Zelle zu 75 bis 80 Prozent und die Triebwerke bis zu 80 Prozent aus Aluminium. Daraus spricht, daß Aluminium den Anforderungen an Luftfahrtwerkstoffe besonders entspricht und ein Material ist, welches sich durch das Geschick der Metallkundler und Konstrukteure in seinen Werkstoffeigenschaften an die sich ständig ändernden Bedingungen in der Luftfahrt anpassen läßt.

Im Wesentlichen handelt es sich dabei speziell um die Schaffung und Sicherung optimaler Luftfahrtwerkstoffparameter wie geringe Dichte, hohe mechanische Festigkeit, hohe Warm- und Kriechfestigkeit, hohe Ermüdungs- und Kerbermüdungsfestigkeit, Bruchzähigkeit, Korrosionsbeständigkeit [4], [8], [9] sowie Erhöhung der Überlebensfähigkeit [10].

Durch die Beachtung dieser Kriterien gelang es den führenden Industriestaaten wie den USA wie auch der Sowjetunion leichte Aluminium-Konstruktionswerkstoffe hoher Festigkeit vorzuhalten. Mit diesen Materialien schafften sie es, die Eigenmasse ihrer Flugzeuge sowie Flugzeugstaffeln spürbar zu senken, womit sich der Aktionsradius deutlich steigerte, die Nutzlastaufnahme erheblich verbesserte und gleichzeitig auch der Treibstoffverbrauch stark reduziert werden konnten. Erreicht wurde dies nach Evgenij M. Savitzkij und Vladimir Kljacko [1] insbesondere durch den Einsatz hochfester Aluminium-Zink-Magnesium-Kupfer-Legierungen. Nach Müller in [5], der sich da bis in alle Einzelheiten gehend mit dem Entwicklungsstand der Aluminiumluftfahrtwerkstoffe im Rahmen der Dissertation mit dem Thema „Beitrag zum elektrochemisch-elektrothermisch-mechanischen Schneiden von Aluminiumluftfahrtwerkstoffen" beschäftigt hat, bringt ihre Verwendung beispielsweise beim Flugzeugtyp AN 22 eine Gewichtsverringerung von zwei Tonnen.

Welche Materialien für den Flugzeugbau sehr gut geeignet sind, wird in einem jetzt folgenden Überblick zu den da eingesetzten Aluminiumwerkstoffen gegeben, wobei speziell auf den Einsatz von Reinaluminium wie auf Aluminiumlegierungen eingegangen wird. Hierbei wird sowohl auf den Text- wie auch auf den Anlagenteil in [4] und [5] zurückgegriffen.

Bevor auf Details eingegangen wird, muß darauf hingewiesen werden, daß Luftfahrtwerkstoffe, um Materialverwechselungen im zivilen Sektor auszuschalten, eine besondere Kennzeichnung erhalten. Zum einen erhält die Werkstoffbezeichnung das Kurzzeichen LW vorangestellt, und zum anderen wird für die Werkstoffcharakterisierung durch Kennzahlen, bestehend aus vier bzw. sechs Ziffern, wie ein nachfolgendes Beispiel aus [5] zeigt, eindeutig bestimmt.

Luftfahrt-Werkstoff	LW 3125.35
Kurzzeichen für Luftfahrt-Werkstoff	LW
Kennzeichen für Grundwerkstoff, Ziffer 1 – Gruppennummer	3
Kennzeichen für Grundwerkstoff, Ziffern 2 bis 3 - Zählnummer	125
Anhängezahlen bestimmen den Zustand, die Herstellart oder besondere Eigenschaften	35

Reinaluminium.

Im Flugzeugbau wird Reinaluminium mit einem Reinheitsgrad von 99,5 Prozent mit einer Dichte von $\rho = 2,7$ g $\bullet$ cm^{-3} und einer Mohshärte von 2,75 eingesetzt. Seine Dichte verweist den Typus eines Leichtmetalls eindeutig aus. Der Schmelzpunkt wird mit 933,47 Kelvin (660,32 Grad Celsius) und der Siedepunkt mit 2740,15 (rund 2467 Grad Celsius) geführt. Schmelzpunktbedingt besitzt also Reinaluminium nur eine relativ geringe Warmfestigkeit.

Aluminium ist außerdem ein relativ weiches und zähes wie auch gut dehnbares und walzbares Metall, mit einer bei 49 MPa liegenden Zugfestigkeit, die von seinen Legierungen erreicht Werte zwischen 300-700 MPa und seine Steifigkeit liegt je nach Legierung bei etwa 70.000 MPa. Wegen der geringen Festigkeit im weichgeglühten Zustand ist das Reinaluminium als Konstruktionswerkstoff im Flugzeugbau eher ungeeignet und es kommt nur zum Einsatz, wenn bestimmte physikalische Eigenschaften gefordert, chemisch angreifende Bedingungen vorliegen bzw. keine Festigkeitsforderungen bestehen.

Von besonderer Bedeutung für den Flugzeugbau ist die Korrosionsbeständigkeit von Reinaluminium und die einiger Aluminiumlegierungen, denn Aluminium bildet an der Atmosphäre eine dichte, fest haftende wasserundurchlässige Oxidschicht von rund 0,05 µm Dicke. Um den Schutzcharakter zu erhöhen, läßt sich diese undurchdringliche Schicht durch anodische Oxidation sogar auf 20 bis 30 µm verstärken.

Mit der chemischen Zusammensetzung von Fe: 0-0,3 Prozent; Si: 0-0,3 Prozent; Cu: 0-0,05 Prozent; Mn: 0-0,025 Prozent; Zn: 0-0,1 Prozent; Ti: 0-0,15 Prozent, Mg: 0-0,05 Prozent; Sonstige: 0,02 Prozent (einzeln); 0,7 Prozent (Gesamtsumme) ist es der Luftfahrt-Werkstoff LW 3001.

Von den Verarbeitungseigenschaften sind bei Reinaluminium die ausgezeichnete Umformbarkeit bei Raumtemperatur und die in der kubisch-flächenzentrierten Gitterstruktur begründeten Kaltzähigkeit hervorzuheben. Und durch Legieren lassen sich die Eigenschaften dieses Metalls außerdem nahezu gänzlich an den Verwendungszweck anpassen.

Aluminiumlegierungen.

Aluminium läßt sich im schmelzflüssigen Zustand mit Kupfer, Magnesium, Mangan, Silizium, Eisen, Titan, Beryllium, Lithium, Chrom, Zink, Zirconium und Molybdän legieren, um bestimmte Eigenschaften zu fördern oder andere, ungewünschte Eigenschaften zu unterdrücken. Als Basismaterial dient meistens Al 99,5 (EN AW-1050A). Hergestellt werden Aluminiumknetlegierungen (AW; engl. wrought) und Aluminiumgusslegierungen (AC; engl. cast).

Je nachdem, ob die gewünschte Festigkeitssteigerung nur durch Legierungselemente sowie Kaltverfestigung oder aber vornehmlich durch eine Aushärtebehandlung (Wärmebehandlung) erreicht wird, wird zwischen den aushärtbaren und den nicht aushärtbaren (naturharten) Legierungen unterschieden. Basis für die Bezeichnung der Aluminiumlegierungen bildet im Allgemeinen das System der AA (Aluminium Association).

Zu den Knetwerkstoffen zählen außer Reinst- und Reinaluminium im Wesentlichen die naturharten Legierungen vom Typ AlMn, AlMg und AlMgMn sowie die aushärtbaren Legierungen der Gattungen AlCuMg, AlCuSiMn, AlMgSi, AlZnMg und AlZnMgCu. Sie werden zu Halbzeugen in Form von Bändern, Blechen und Ronden, Rohren, Stangen und Drähten, Strangpressprofilen sowie Schmiedestücken verarbeitet. Zu den Gusswerkstoffen gehören die Legierungen der Gattung AlSi, AlSiMg, AlSiCu, AlMg, AlMgSi, AlCuTi, AlCuTiMg.

Eine metall-physikalische Besonderheit besitzt das Aluminium auch, denn mit keinem seiner Legierungselemente bildet es eine homogene Mischkristallreihe. Die Legierungselemente sind nur begrenzt löslich und die meisten bilden mit Aluminium intermetallische Phasen. Ihre Legierungskomponenten sind kombiniert in Zwei-, Drei- und Mehrstoffsystemen wieder zu finden, nämlich, wie in Tafel 3 zusehen.

Werkstoffart	Zweistoff-systeme	Dreistoff-systeme	Mehrstoffsysteme
Aluminium-Kupfer-Legierungen	AlCu	AlCuMg	AlCuMgNi; AlCuMgMn; AlCuMgMnSi; AlCuMgFeNiSi
Aluminium-Magnesium-Legierungen	AlMg	AlMgSi	
Aluminium-Silizium-Legierungen	AlSi	AlSiMg	AlSiMgCu
Aluminium-Mangan-Legierungen	AlMn		
Aluminium-Zink-Legierungen			AlZnMgCu; AlZnMgCuSi

Tafel 3: Zeistoff-, Dreistoff- und Mehrstoffsysteme von Aluminiumlegierungen nach [4], [5].

Für den Flugzeugbau typisch ist, daß eine große Anzahl von Aluminiumlegierungen mit einem breiten Eigenschaftsspektrum zum Einsatz kommen, jedoch die Anzahl der verwendeten Legierungselemente gering ist, die in folgende zwei Gruppen eingeteilt werden:

- Legierungselemente, die die gewünschten Eigenschaftsveränderungen bewirken und an der Namensbildung beteiligt sind, nämlich die Hauptlegierungselemente: Kupfer, Magnesium Zinn, Mangan, Zink.

- Legierungselemente, die bei der Bezeichnung des Legierungstyps ab der dritten Stelle genannt werden und spezielle Änderungen bewirken, nämlich, neben einigen Elementen der 1. Gruppe, hauptsächlich Kupfer und Magnesium, sind dies die Elemente Nickel, Chrom, Titan, Eisen, Beryllium und Lithium.

Vom Metallphysikalischen aus betrachtet, lassen sich die im Flugzeugbau eingesetzten Aluminiumknetlegierungen ebenfalls in naturharte wie auch aushärtbare Legierungen unterteilen, Tafel 4, nach [4], [5].

Aluminiumknetlegierungen				
naturharte (nicht aushärtbare) Aluminiumknetlegierungen			aushärtbare Aluminiumknetlegierungen	
Al-Mg-Leg.	Al-Mn-Leg.	Al-Cu-Leg.	Al-Mg-Si-Leg.	Al-Zn-Mg-Leg.
LW 3302 LW 3305 LW 3306	LW 3250	LW 3115 LW 3125 LW 3134 LW 3135 LW 3136 LW 3146 LW 3155	LW 3355	LW 3435 LW 3437 LW 3355

Tafel 4: Einteilung der Aluminiumknetlegierungen mit Zuordnung der Luftfahrtwerkstoffe nach W. Müller [4], [5].

U. A. Geller und A. G. Rachstadt [11], wie auch in [4] und [5] dargestellt, unterteilen die Aluminiumluftfahrtwerkstoffe nach ihren Eigenschaften in:

- hochfeste Legierungen

LW 3115; LW 3125; LW 3155; LW 3455.

- warmfeste Legierungen

LW 3134; LW 3135; LW 3146; LW 3155.

- Legierungen mit erhöhter Plastizität

LW 3250; LW 3355.

- Legierungen mit erhöhter Plastizität. Korrosionsbeständigkeit und Schweißbarkeit

LW 3302; LW 3306.

Summarium.

Im Jahre 2006 war das bedeutendste Herstellerland von Aluminium mit einigem Abstand die Volksrepublik China (9,3 Millionen Tonnen), gefolgt von Russland (3,7 Millionen Tonnen) und Kanada (3,1 Millionen Tonnen), die zusammen einen Anteil von etwa der Hälfte an den weltweit produzierten 33,7 Millionen Tonnen besitzen. In Europa sind Norwegen, Frankreich und Deutschland die wichtigsten Produzenten.

Die Produktion von Aluminium ist extrem energieintensiv, allein über 40 Prozent der Produktionskosten sind Energiekosten, wobei zumeist elektrische Energie genutzt wird. Wegen des hohen Stromverbrauchs bei der Herstellung von Aluminium wurden in den letzten Jahren zahlreiche Aluminiumwerke in Staaten mit preiswerter Energie errichtet, beispielsweise in Venezuela, Bahrain und der Vereinigten Arabischen Emirate (Erdöl, Erdgas), Brasilien (Wasserkraft), Australien und Südafrika (Kohle) sowie Island (Wasserkraft, Geothermie). Dagegen wurden in Staaten mit hohen Strompreisen, beispielsweise in Deutschland, Aluminiumwerke geschlossen (2005 in Stade und Hamburg).

Als die größten Aluminiumverbraucher gelten die USA, Japan, die Volksrepublik China, Deutschland, Italien und Frankreich. Ihr wichtigster Abnehmer von Aluminium ist die Autoindustrie. Die wichtigsten Erzvorkommen sich in Australien, Guinea, Brasilien, Jamaika, Indien, Guyana und Indonesien befinden. Wegen seines geringen Gewichtes ist Aluminium auch in der Flugzeugindustrie, in der Verpackungsindustrie, im Maschinenbau und im Hochbau unverzichtbar.

Vom Bauxit zum Aluminium.

Ein Resümee nach Anders Ocher [23].

Geschichte des Aluminiums.

- Aluminium leitet sich aus dem lateinischen Begriff für Alaun „alumen" ab.
- 1807 entdeckt der Engländer Davy das Aluminium.
- 1821 stößt der Franzose Berthier in Les Baux auf Bauxiterz
- 1825 gelang dem dänischen Chemiker Hans Christian Ørsted (Oerstedt) die Isolierung von – noch unreinem – Aluminium.
- Friedrich Wöhler verbesserte die Ørsted-Methode und konnte 1827 als Erster reines Aluminium isolieren.
- 1854 entwickelten Bunsen und Deville aus dem Wöhler'schen Reduktionsverfahren unabhängig voneinander eine technische Gewinnungsmethode, die sehr teuer war.
- 1886 stellten der Amerikaner Charles M. Hall und der Franzose Paul-Louis Toussaint Héroult das kostengünstigere elektrolytische Verfahren (Hall-Héroult-Verfahren) zur Aluminiumherstellung vor.
- Von 1887-1892 entwickelte der Österreicher K. J. Bayer das noch heute aktuelle Bayer-Verfahren.

Allgemeine Informationen zum Aluminium.

- Das unedle Metall Aluminium ist mit 8,1 % das dritthäufigste Element und zugleich das häufigste Metall der Erdkruste.
- Es kommt ausschließlich in Form seiner chemischen Verbindungen vor.
- Reines Aluminium ist ein silberweißes, relativ weiches Leichtmetall.
- sehr gute Dehnbarkeit und Verformbarkeit.
- besitzt eine sehr gute elektrische Leitfähigkeit und gute Wärmeleitfähigkeit.
- Das wichtigste Aluminiumerz ist der Bauxit.
- Die wichtigsten Erzvorkommen befinden sich in Australien, Guinea, Brasilien, Jamaika, Indien, Guyana und Indonesien.

Gewinnung des reinen Oxids Bayer-Verfahren (Nasser Aufschluss).

- Heutzutage das am häufigsten genutzte Verfahren.
- Es können bei diesem Verfahren nur Kieselsäurearme Bauxite verwendet werden.
- Bauxit wird in einen Autoklaven überführt und bei einem Druck von ca. 5-7 bar und einer Temperatur von ca. 150 °C mit 35%-iger Natronlauge gerührt.
- Gebildeter Rotschlamm wird durch Filtration abgetrennt.
- Aus dem gebildeten $Na[Al(OH)4]$ wird durch hinzufügen von Impfkristallen wieder $Al(OH)_3$ gebildet.

[23] Ochel, A.: Vom Bauxit zum Aluminium, Internet: Aluminium; https://www.fh-muenster.de/.../vom_bauxit_zum_aluminium_anders_ochel_.pdf.

- Als letztes wird das Aluminiumhydroxid in einen Ofen bei 1400 °C zum Al_2O_3 geglüht (Calcinierung).
- Bei diesem Aufschlussverfahren wird der amphotere Charakter und die Gleichgewichtslage des Aluminiums ausgenutzt.
- $Al(OH)_3 + NaOH \longrightarrow Na[Al(OH)_4]$
    - Gleichgewichtslage auf Seiten der Produkte
- $Fe(OH)_3 + NaOH \longleftarrow Na[Fe(OH)_4]$
    - Gleichgewichtslage auf Seiten der Edukte
- Das Aluminium bildet einen Komplex und geht in Lösung, während das Eisen und alle anderen Verunreinigungen als Rotschlamm zurückbleiben.

Gewinnung des reinen Oxids (Trockener Aufschluss).

- Bauxit wird mit einer Na_2CO_3-Schmelze aufgeschlossen;
- Dabei entsteht $NaAlO_2$ und $NaFeO_2$.
- Der Schmelzkuchen wird mit Wasser vermengt
    - $NaAlO_2 + 2\ H_2O \longrightarrow Na[Al(OH)_4]$ (löslich)
    - $NaFeO_2 + H_2O \longrightarrow Fe(OH)_3$ (unlöslich)
- Die unlöslichen Teile werden abfiltriert.
- Das Natriumtetrahydroxoaluminat wird mit CO_2 als Aluminiumhydroxid ausgefällt und anschließend geglüht
    - $Na[Al(OH)_4] + CO_2 \longrightarrow Al(OH)_3 \longrightarrow Al_2O_3$.

Schmelzflusselektrolyse.

- Als Mischung wird das Al_2O_3 mit Kryolith (Na_3AlF_6) und CaF_2, LiF und AlF_3 in eine Eisenwanne, die mit Graphit als Kathode ausgekleidet ist, gegeben.
- Durch diese Mischung erreicht man eine Schmelzpunkterniedrigung von ca. 2000 °C auf ca. 935 °C
- In die Wanne ragen von oben Graphitblöcke, die als Anode fungieren und während der Elektrolyse in CO übergehen
    - $Al_2O_3 + 3\ C \longrightarrow 2\ Al + 3\ CO$.
- Bei der Elektrolyse wird mit einer Stromstärke von ca. 100.000 A bis 150.000 A und einer Spannung von ca. 5 V gearbeitet.
- Das Al_2O_3 wird kontinuierlich nachgefüllt.
- Das reine Aluminium ist etwas schwerer als die Schmelze und sinkt daher nach unten, wo es vor der Oxidation mit Luftsauerstoff geschützt ist.
- Das reine Aluminium wird alle ein bis zwei Tage abgeführt.

Zusammenstellung nach [23].

[23] Ochel, A.: Vom Bauxit zum Aluminium, Internet: Aluminium; https://www.fh-muenster.de/.../vom_bauxit_zum_aluminium_anders_ochel_.pdf.

Verwendung von Aluminium:

- Bau von Profilen, Rohren und Blechen.
- Verpackungsmittel.
- Kochgeschirr.
- Rostschutzfarbe.
- Feuerwerkskörpern und Sprengstoffen.
- Hochspannungsleitungen.
- Fahrzeug- und Maschinenbau und Luftfahrt.

Umweltaspekte:

- Landschaftsschäden bei der Bauxitgewinnung.
- Der basische Rotschlamm muss deponiert werden.
    - Pro Tonne Aluminium fallen ca. 1,5 Tonnen Rotschlamm an.
- Energieverbrauch.
    - Pro Tonne Aluminium werden 14 kWh Strom verbraucht.
- Bei der Elektrolyse wird Fluor und Fluorwasserstoff gebildet.
- Freisetzung von CO und CO_2.
- Aluminium-Ionen sind für Mikroorganismen im Boden giftig. Sie sind in großen Mengen aber auch für Pflanzen und Tiere giftig.

Der Gesamtverbrauch pro Tonne Aluminium liegt bei vier Tonnen Bauxit, 500 Kilogramm Kohle, vier Kilogramm Kryolith und 15.000 kWh Strom. Damit ist unmittelbar klar, daß Aluminiumrecycling sehr sinnvoll ist, da nur fünf Prozent des Energieaufwands der Neudarstellung zur Aufarbeitung aufgewendet werden müssen.

Mit der Entwicklung des Herstellungsverfahrens haben sich die Preise von Aluminium extrem verändert, nämlich 1852: 1000 Dollar/Kilogramm; 1895: 1.1 Dollar/Kilogramm; 1964: 0.5 Dollar/Kilogramm, heutzutage ein Euro/Kilogramm (mit aktuell gerade heftigen Schwankungen).

Zusammenstellung nach [23].

[23] Ochel, A.: Vom Bauxit zum Aluminium, Internet: Aluminium;
https://www.fh-muenster.de/.../vom_bauxit_zum_aluminium_anders_ochel_.pdf.

Literatur.

[1] Savitzkij, E. M.; Kljacko, V.: Metalle der kosmischen Ära, Leipzig: VEB Deutscher Verlag für Grundstoffindustrie 1982.

[2] C. I. Vanetzkij, C. I.: Erzählungen über Metalle, Leipzig: VEB Deutscher Verlag für Grundstoffindustrie 1976

[3] Beyer, B.: Werkstoffkunde NE-Metalle, Leipzig: VEB Deutscher Verlag für Grundstoffindustrie 1974.

[4] Müller, W.: Metallische Werkstoffe, Teil 2: Leichtmetalle im Flugzeugbau, Kamenz: Studienmaterial OS LSK/LV Kamenz 1985.

[5] Müller, W.: Beitrag zum elektrochemisch-elektrothermisch-mechanischen Schneiden von Aluminiumluftfahrtwerkstoffen, Dissertation TU Karl-Marx-Stadt 1988.

[6] Kopenhagen, W.: Das große Flugzeug Tagebuch, transpress, Berlin: VEB Verlag für Verkehrswesen 1987.

[7] H. Görner, H.; Marx, S.; u. a.: Aluminium-Handbuch, Berlin: VEB Deutscher Verlag Technik 1971.

[8] Schulshenko, M. N.: Konstruktion von Flugzeugen, Berlin: Militärverlag der Deutschen Demokratischen Republik 1976.

[9] Staniek, G.; Wirth, G.; Bunk, W.: Entwicklung pulvermetallurgisch hergestellter Aluminiumwerkstoffe für die Luftfahrt, Aluminium 56 (1980) H. 11, S. 699/702.

[10] Porgart, P.: Die Verwundbarkeit bemannter fliegender Waffensysteme, Internationale Wehrrevue, Genf 6/77.

[11] Geller, U. A.; Rahnstadt, A. G.: Materialovedenie, Moskva: Verlag metallurgia 1975.

[12] Engels, S.; Nowak, A.: Auf der Spur der Elemente, Leipzig: VEB Deutscher Verlag für Grundstoffindustrie 1983.

[13] Eisenkolb, F.: Einführung in die Werkstoffkunde, Band IV, S. 15/71, Nichteisenmetalle, Berlin: VEB Verlag Technik 1961.

[14] Aluminium-Taschenbuch, Düsseldorf: Aluminium-Verlag,
Band 1: Grundlagen und Werkstoffe, 2002;
Band 2: Umformen, Giessen, Oberflächenbehandlung, Recycling und Ökologie, 1999;
Band 3: Weiterverarbeitung und Anwendungen, 2003.

[15] Aluminium-Schlüssel, Düsseldorf: Aluminium-Verlag 2007.

[16] Aluminium-Werkstoffdatenblätter, Düsseldorf: Aluminium-Verlag 2007.

[17] Altepohl, D.: aluminium von innen, Düsseldorf: Aluminium-Verlag, 1994.

[18] Ostermann, F.: Anwendungstechnologie Aluminium, Berlin, Heidelberg, New York: Springer-Verlag 1998,

[19] Aluminiumrecycling - Vom Vorstoff bis zur fertigen Legierung, Düsseldorf: Aluminium-Verlag 2000.

[20] Marschall, L.: Aluminium - Metall der Moderne, München: oekom verlag 2008.

[21] Aluminium, Römpp Chemie-Lexikon, Stuttgart: Georg Thieme Verlag 2009.

[22] Seilnacht, Th.: Chemische und physikalische Eigenschaften des Aluminiums, Informationen, Daten zum Element, Internet: www.Internetchemie.Info.

[23] Ochel, A.: Vom Bauxit zum Aluminium, Internet: Aluminium; https://www.fh-muenster.de/.../vom_bauxit_zum_aluminium_anders_ochel_.pdf.

[24] Hesse, W.: Aluminium Schlüssel/Key to Aluminium Alloys, Düsseldorf: Aluminium-Verlag Marketing & Kommunikation GmbH 2009.

[25] http://ruby.chemie.unifreiburg.de/Vorlesung/metalle_4_2.html.

Härteskala nach Mohs.

Härtestufe	Material	Mineral bzw. Element
1	Talk	$Mg_3(Si_2O_5)_2(OH)_2$
2	Gips	$CaSO_4 \cdot 2H_2O$
3	Kalkspat	$CaCO_3$
4	Flussspat	CaF_2
5	Apatit	$Ca_5(PO_4)_3(F, Cl)$
6	Feldspat	$K(AlSi_3O_8)$
7	Quarz	SiO_2
8	Topas	$Al_2SiO_4(F, OH)$
9	Korund	Al_2O_3
10	Diamant	C

Tafel 1. Härteskala nach Mohs.

Chronologie zum Aluminiumeinsatz von den Anfängen bis zur Gegenwart.

1855	Erste Aluminiumbarren werden auf der 2. Weltausstellung in Paris gezeigt
1857	Sohn Napoleons III. erhält eine Kinderklapper aus Aluminium
1884	Washington-Monument bekommt Aluminiumspitze
1891	Aluminiumeinsatz im Schiffsbau beginnt
1892	Produktion von Aluminium-Kochgeräten wird aufgenommen
1893	Fahrradrahmen aus Aluminium werden in den USA hergestellt
1896	Aluminiumverarbeitung im ersten Zeppelin-Luftschiff erfolgt; Dach der St. Joachims-Kirche in Rom wird mit Aluminium gedeckt
1898	Motorengehäuse werden erstmals aus Aluminium gegossen
1902	Beginn der Aluminiumfolienherstellung
1908	Großbehälter aus Aluminium werden genutzt
1910	Aluminiumleiterwerkstoffe substituieren Kupferleiter erstmals
1916	Junkers baut erste Ganzaluminiumflugzeuge
1920	Aluminiumgroßtankwagen werden in den USA eingesetzt
1929	Aluminiumeisenbahnwagen setzen sich durch
1933	Brückenbauten aus Aluminiumkonstruktionen kommen auf
1935	Aluminium wird im Bagger- und Kranbau eingesetzt
1946	Aluminiumsinterkörper werden erstmals hergestellt
1953	Maritim-Tiefsee-Forschung nutzt Aluminiumwerkstoffe
1957	Aluminium wird zum kosmischen Metall
1964	Aluminiumverbundwerkstoffe setzen sich durch
1970	Aluminiumwhisker erlangen Bedeutung
1981	Spezialwerkstoffe aus Aluminium werden allerorts Substitutionswerkstoffe

Tafel 2. Chronologie zum Aluminiumeinsatz von den Anfängen bis zur Gegenwart.

Vita des Autors.

Name:	Dr. Wolfgang Piersig
Geburtstag:	12. Mai 1944
Geburtsort und Schulbesuch:	Lessingstadt Kamenz (Sachsen)
Wohnort:	Berg- und Adam-Ries-Stadt Annaberg-Buchholz
Persönliche Verhältnisse:	verheiratet seit 1965 mit Frau Stefanie-Konstanze, Lochner, zwei Töchter.
Abschlüsse:	Schlosser (1961), BKW Heide-Wiednitz; Dipl.-Ing. (FH) für Kohleveredlung (1964), Berg-Ingenieur-Schule Senftenberg; Dipl.-Ing. für Werkstofftechnik (1972), Promotion zum Doktor-Ingenieur (1979), Hochschulpädagogik Stufe I und II (1980), Technische Hochschule Karl-Marx-Stadt; Technikgeschichte (1987), Technische Universität Dresden;

Veröffentlichungen des Autors:

- *Adolf Martens – Erinnerungen an den Nestor der Materialprüfungen der Technik.*
  GRIN-Verlag; Archivnummer: V83903,
  ISBN (E-Book): 978-3-638-88760-1; ISBN (Buch): 978-3-638-90360-8.
- *Emil Heyn – Adam-Ries-Nachfahre, gewidmet dem Nestor zweier Technikwissenschaften Metallkunde und Metallographie.*
  GRIN-Verlag; Archivnummer: V84013,
  nur ISBN (E-Book): 978-3-638-87588-2.
- *Erinnerungen an den 170. Geburtstag von Alexandre Gustave Eiffel und Bau des Eiffelturms vor 115 Jahren.*
  GRIN-Verlag; Archivnummer: V83763,
  ISBN (E-Book): 978-3-638-88603-1; ISBN (Buch): 978-3-638-90513-8.
- *Vannoccio Biringuccio und die Pirotechnia – 525. Geburtstag des ersten Autors der Metallurgie.*
  GRIN-Verlag; Archivnummer: V83955,
  ISBN (E-Book): 978-3-638-88607-9; ISBN (Buch): 978-3-638-90372-1.
- *Ein Exkurs durch die bedeutendsten Weltausstellungen von 1851 bis 2005 für Fachleute, Interessierte und Laien.*
  GRIN-Verlag; Archivnummer: V83815,
  ISBN (E-Book): 978-3-638-88605-5; ISBN (Buch): 978-3-638-89274-2.
- *Die Palmenblattflechterei und das Castell de Capdepera auf Mallorca.*
  GRIN-Verlag; Archivnummer: V116704,
  ISBN (E-Book): 978-3-640-18703-4; ISBN (Buch): 978-3-640-18856-7.
- *ECM - Elektrochemische Metallbearbeitung und EC-Kombinationsverfahren - Ein Beitrag zur Technikgeschichte anlässlich des 85. Geburtstag von Herrn Prof. Dr. rer. nat. sc. techn. Hans Wicht.*
  GRIN-Verlag; Archivnummer: V117592,
  ISBN (E-Book): 978-3-640-19823-8; ISBN (Buch): 978-3-640-19833-7.

- *Emil Heyn. Nestor der Technikwissenschaften Metallkunde und Metallographie. Ein kurzer Auszug aus der Emil-Heyn-Chronik und Rückblick auf das am 6. und 7. Juli 2007, anlässlich des 140. Geburtstages von Emil Heyn, in der Berg- und Adam-Ries-Stadt Annaberg-Buchholz stattgefundene Emil-Heyn-Kolloquium.*
GRIN-Verlag; Archivnummer: V120087,
ISBN (E-Book): 978-3-640-23584-1; ISBN (Buch): 978-3-640-23588-9.
- *Henry Clifton Sorby – Begründer der klassischen Metallographie – Mit einem Abstract über die Herausbildung der Technikwissenschaft Metallographie, nebst Originalquellen, Schrifttumstipps, Literaturregister.*
GRIN-Verlag; Archivnummer: V123320,
ISBN (E-Book): ISBN: 978-3-640-27261-7; ISBN (Buch): ISBN: 978-3-640-27265-5.
- *Henry Bessemer und das Bessemern, mit einer Sammlung und Anlage von Veröffentlichungen darüber.*
GRIN-Verlag; Archivnummer: V131002,
ISBN (E-Book): 978-3-640-36415-2; ISBN (Buch): 978-3-640-36361-2.
- *Der Kristallpalast zu London, mit einer Vita zu Joseph Paxton, dem Architekten des Crystal Palace zu London, nebst einem Kurzbericht über die erste Weltausstellung London 1851. Beitrag zur Technikgeschichte. (1)*
GRIN Verlag; Archivnummer: V132604,
ISBN (E-Book): 978-3-640-38260-6; ISBN (Buch): 978-3-640-38312-2
- *Beitrag zur Entstehung und Entwicklung des Musicals.*
GRIN Verlag; Archivnummer: V131395.
ISBN (E-Book): 978-3-640-36639-2; ISBN (Buch): 978-3-640-36612-5.
- *Johann Bauschinger – Begründer der mechanisch-technischen Versuchsanstalten, mit dem Nachruf von Professor Adolf Martens und der Gedenkrede von Professor Friedrich Kick auf Professor Johann Bauschinger (1834-1893).*
GRIN Verlag; Archivnummer: V132971,
ISBN (E-Book): ISBN: 978-3-640-39292-6; ISBN (Buch): 978-3-640-39322-0.
- *Kompendium Papier – eine Chronologie mit einem umfangreichen Lexikon zu diesem alltäglichen Werkstoff.*
GRIN Verlag; Archivnummer: V134334,
ISBN E-Book): 978-3-640-40896-2; ISBN (Buch): 978-3-640-40940-2.
- *Der sächsische Lokomotivenkönig. Zum 200. Geburtstag des sächsischen Lokomotivenkönigs und Industriepioniers Richard Hartmann.*
GRIN Verlag; Archivnummer: V137862,
E-Book ISBN: 978-3-640-44585-1; ISBN (Buch): 978-3-640-44592-9.
Mikroskop und Mikroskopie - Ein wichtiger Helfer auf vielen Gebieten mit Definitionen, Geschichte, Daten, Literatur.
GRIN-Verlag; Archivnummer: V140522,
ISBN (E-Book): 978-3-640-48209-2; ISBN (Buch): 978-3-640-48200-9.
- *Der Kristallpalast von London und sein Architekt Joseph Paxton. Der Glaspalast zu München.*
Beiträge zur Technikgeschichte (1).
GRIN-Verlag; Archivnummer: i. V.,
ISBN (E-Book): i. V.; ISBN (Buch): i. V.
- *Das Schmieden und die Schmiedekunst. Historisches zur Metallbearbeitung.*
Beiträge zur Technikgeschichte (2).
GRIN-Verlag; Archivnummer: i. V.,
ISBN (E-Book): i. V.; ISBN (Buch): i. V.

- *Geschmiedete blanke Waffen – Symbole der Macht, Kraft und Eleganz. Drahtherstellung.*
  Beiträge zur Technikgeschichte (3).
  GRIN-Verlag; Archivnummer: V141883,
  ISBN (E-Book): i. V.; ISBN (Buch): i. V.
- *Geschichtlicher Abriss zum Prägen von Metallmünzen.*
  Beiträge zur Technikgeschichte (4).
  GRIN-Verlag; Archivnummer: V141999,
  ISBN (E-Book): i. V.; ISBN (Buch): i. V.
- *Die sieben Metalle der Antike. Gold. Silber. Kupfer. Zinn. Blei. Eisen. Quecksilber.*
  Beiträge zur Technikgeschichte (5).
  GRIN-Verlag; Archivnummer: i. V.,
  ISBN (E-Book): i. V.; ISBN (Buch): i. V.
- *Geschichtlicher Überblick zur Entwicklung von Bronzeglocken.*
  Beiträge zur Technikgeschichte (6).
  GRIN-Verlag; Archivnummer: V142071,
  ISBN (E-Book): i. V.; ISBN (Buch): i. V.
- *Aluminium - ein Metall mit kurzer Geschichte, aber mit großer Zukunft.*
  Beiträge zur Technikgeschichte (7).
  GRIN-Verlag; Archivnummer: i. V.,
  ISBN (E-Book): i. V.; ISBN (Buch): i. V.
- *Erinnerungen an den 170. Geburtstag von Alexandre Gustave Eiffel und der Bau des*
  Eiffelturms vor 115 Jahren.
  Collection deutscher Erzähler – Eine Anthologie neuer deutschsprachiger Autorinnen
  und Autoren, Band 3, Frankfurt/Main : R. G. Fischer Verlag 2004,
  ISBN: 3-8301-0633-5.
- *Emil Heyn – Nestor der Metallkunde und Metallographie.*
  Stahl und eisen 125 (2005) Nr. 6, 15. Juni 2005, S. 54/56.
- *Vannoccio Biringuccio und die Pirotechnia.*
  Stahl und eisen 126 (2006) Nr. 3, 15. März 2006, S. 96/98.
- *Gedenken zum 100. Todestag.*
  Adolf Ledebur – Theoria cum praxi.
  Stahl und eisen 126 (2006) Nr. 6, 19. Juni 2006, S. 104/106.
- *Annaberger Museumsnacht mit einem neuen Angebot.*
  Emil Heyn zu Gast bei Adam Ries.
  Stahl und eisen 126 (2006) Nr. 9, 15. September 2006, S. 98.
- *Adolf Martens.*
  Erinnerungen an den Nestor aller Materialprüfungen der Technik.
  Stahl und eisen 127 (2007) Nr. 3, 15. März 2007, S. 112/114.
- *Reminiszenzen an den Baubeginn des Eiffelturms vor 120 Jahren.*
  Stahl und eisen 127 (2007) Nr. 11, 7. November 2007, S. 170/174.
- *Zum 110. Todestag von Henry Bessemer.*
  Henry Bessemer und sein Stahlgewinnungsverfahren.
  Stahl und eisen 128 (2008) Nr. 3, 17. März 2008, S. 118/120.
- *100. Todestag von Henry Clifton Sorby.*
  Henry Clifton Sorby gilt als Begründer der Metallographie.
  Stahl und eisen 128 (2008) Nr. 6, 16. Juni 2008, S. 104/106.
- *175. Geburtstag von Johann Bauschinger – Begründer der mechanisch-technischen*
  Versuchsanstalten.
  Stahl und eisen 129 (2009) Nr. 6, 16. Juni 2009, S. 100/102.

- *Zum 200. Geburtstag des sächsischen Lokomotivenkönigs und Industriepioniers Richard Hartmann (1809-1878).*
  Stahl und eisen 129 (2009) Nr. 11, November 2009, S. 129/131.

Annaberg-Buchholz im Dezember 2009.

Abstract.

Mit der Veröffentlichung zu dem silberweißen, relativ weichen Aluminium, also sehr gut verformbaren Leichtmetall, und seinen Legierungen, die jedem heutzutage unentbehrlich sind, verfolgt der Autor das Ziel, dieses Nichteisenmetall, welches neben dem Kupfer den bedeutendsten Platz unter den metallischen Werkstoffen einnimmt, dem Leser näher zu bringen. Er erfährt aus dem Exkurs auch, Aluminium ist ein relativ unedles Metall mit einer dünnen, sich sekundenschnell bildenden und vor weiterer Korrosion schützenden Oxidschicht, welches es viel unempfindlicher als Eisen macht, aber sehr gerne mit Sauerstoff reagiert und sich somit besonders gut als Reduktionsmittel eignet. Darüber hinaus wird auch auf die metallphysikalischen Besonderheiten des Aluminiums, wie niedrigen Schmelzpunkt, sehr gute elektrische Leitfähigkeit, gute Wärmeleitfähigkeit und die bei einer Erwärmung über 600°C auftretende granuläre Struktur, die sich nach dem Abkühlen in Körner, Grieß oder Pulver zerteilen lässt, eingegangen. Bezüglich der Aluminiumherstellung aus Bauxit wird genannt, sie erfolgt in zwei Schritten, nämlich das Erz wird zunächst von Verunreinigungen gereinigt, so dass man reine Tonerde, Aluminiumoxid, erhält und Aluminium anschließend mittels Schmelzflusselektrolyse gewinnt. Außerdem erfährt der Leser Einsatzmöglichkeiten für das Reinaluminium und die Aluminiumlegierungen, dabei eingebunden sind Angaben, daß diese Materialien überaus gut geeignet sind als fliegendes Metall, also als Luftfahrtwerkstoffe. Und nicht zuletzt wird dem Leser nicht nur eine Chronologie zum Aluminiumeinsatz von den Anfängen bis zur Gegenwart näher gebracht, sondern auch das, daß Aluminium ein Metall mit kurzer Geschichte, aber mit großer Zukunft ist und dies mittels eines Resümees von Anders Ochel.

BEI GRIN MACHT SICH IHR WISSEN BEZAHLT

- Wir veröffentlichen Ihre Hausarbeit, Bachelor- und Masterarbeit

- Ihr eigenes eBook und Buch - weltweit in allen wichtigen Shops

- Verdienen Sie an jedem Verkauf

Jetzt bei www.GRIN.com hochladen und kostenlos publizieren